上海市工程建设规范

浅层地热能开发利用监测技术标准

Technical standard for monitoring of shallow geothermal
energy development and utilization

DG/TJ 08—2324—2020
J 15282—2020

主编单位:上海市地矿工程勘察院
批准部门:上海市住房和城乡建设管理委员会
施行日期:2021 年 3 月 1 日

U0349698

同济大学出版社

2021　上海

图书在版编目(CIP)数据

浅层地热能开发利用监测技术标准/上海市地矿工程
勘察院主编. —上海：同济大学出版社，2021.3
ISBN 978-7-5608-9774-5

Ⅰ. ①浅… Ⅱ. ①上… Ⅲ. ①地热能－浅层开采－监
测－技术标准 Ⅳ. ①TK529-65

中国版本图书馆 CIP 数据核字(2021)第 026214 号

浅层地热能开发利用监测技术标准

上海市地矿工程勘察院　主编

策划编辑	张平官	
责任编辑	朱　勇	
责任校对	徐春莲	
封面设计	陈益平	

出版发行　同济大学出版社　　www.tongjipress.com.cn
　　　　　　(地址：上海市四平路 1239 号　邮编：200092　电话：021－65985622)

经　　销	全国各地新华书店	
印　　刷	浦江求真印务有限公司	
开　　本	889mm×1194mm　1/32	
印　　张	1.625	
字　　数	44 000	
版　　次	2021 年 3 月第 1 版　　2021 年 3 月第 1 次印刷	
书　　号	ISBN 978-7-5608-9774-5	
定　　价	15.00 元	

上海市住房和城乡建设管理委员会文件

沪建标定〔2020〕415 号

上海市住房和城乡建设管理委员会
关于批准《浅层地热能开发利用监测技术标准》
为上海市工程建设规范的通知

各有关单位：

由上海市地矿工程勘察院主编的《浅层地热能开发利用监测技术标准》，经我委审核，现批准为上海市工程建设规范，统一编号为 DG/TJ 08—2324—2020，自 2021 年 3 月 1 日起实施。

本规范由上海市住房和城乡建设管理委员会负责管理，上海市地矿工程勘察院负责解释。

特此通知。

上海市住房和城乡建设管理委员会

二○二○年八月十三日

前　言

　　根据上海市住房和城乡建设管理委员会《关于印发〈2019 年上海市工程建设规范、建筑标准设计编制计划〉的通知》（沪建标定〔2018〕753 号）的要求，由上海市地矿工程勘察院会同有关单位，经广泛调查研究，认真总结实践经验，参考国内外相关标准，并在广泛征求意见的基础上，编制本标准。

　　本标准主要内容包括：总则；术语；基本规定；区域监测；场地监测；监测数据采集与传输；监测系统运行维护及监测数据分析。

　　各单位及相关人员在执行本标准过程中，如有意见和建议，请反馈至上海市规划和自然资源局（地址：上海市北京西路 99号；邮编：200003；E-mail：guihuaziyuanfagui@126.com），或上海市地矿工程勘察院（地址：上海市静安区灵石路 930 号；邮编：200072；E-mail：drkf@sigee.com.cn），上海市建筑建材业市场管理总站（地址：上海市小木桥路 683 号；邮编：200032；E-mail：bzglk@zjw.sh.gov.cn），以供今后修订时参考。

　　主 编 单 位：上海市地矿工程勘察院

　　参 编 单 位：上海亚新建设工程有限公司

　　　　　　　　　上海市地质调查研究院

　　　　　　　　　同济大学建筑设计研究院（集团）有限公司

　　参 加 单 位：上海市地质学会

　　　　　　　　　上海市岩土工程检测中心

　　　　　　　　　上海市岩土地质研究院有限公司

　　　　　　　　　上海巨徽新能源科技有限公司

　　主要起草人：王小清　孙　婉　寇　利　齐志安　黄　坚

　　　　　　　　　季善标　才文韬　王庆华　王　洋　王晓阳

　　　　　　王　健　　王　浩　　王　颖　　车学娅　　吕　亮
　　　　　　巫　虹　　杨天亮　　肖　锐　　张大明　　陈　敏
　　　　　　周　晋　　高世轩　　章长松　　董美琪　　游　京
　　　　　　谢世红　　臧学轲
主要审查人:张阿根　周念清　周亚素　瞿　燕　张伟强
　　　　　　张　波　　周　强

上海市建筑建材业市场管理总站

目　次

Contents

1 总 则

1.0.1 为规范本市浅层地热能资源开发利用行为,提高浅层地热能开发利用效率,保护地质环境,制定本标准。

1.0.2 本标准适用于本市浅层地热能的区域监测及应用工程场地监测。

1.0.3 浅层地热能开发利用区域监测、场地监测,除应符合本标准外,尚应符合国家、行业和本市现行有关标准的规定。

2 术 语

2.0.1 浅层地热能 shallow geothermal energy

蕴藏在地表以下 200 m 深度范围以内的岩土体、地下水和地表水中，温度低于 25 ℃，具有开发利用价值的热能。

2.0.2 地质环境 geological environment

自然环境的一种，指由岩石圈、水圈和大气圈组成的环境系统。

2.0.3 区域监测 regional monitoring

对上海市全域范围典型地层原始地温及浅层地热开发利用集中区域地层温度场进行监测。

2.0.4 地温长期监测孔 long term ground temperature monitoring hole

对地层原始温度进行长期监测的地温监测孔。

2.0.5 场地监测 field monitoring

布置监测设施对浅层地热能应用工程现场进行跟踪监测。

2.0.6 地源热泵系统 ground-source heat pump system

以岩土体、地下水或地表水为低温热源，由水源热泵机组、地热能交换系统、热泵机房辅助设备组成的冷热源系统。根据地热能交换系统形式的不同，地源热泵系统分为地埋管地源热泵系统、地下水地源热泵系统和地表水地源热泵系统。

2.0.7 监测硬件 monitoring hardware

配合监测平台工作的各种物理装置总称，主要包括采集设备、存储设备、传输设备等。

2.0.8 监测软件 monitoring software

为采集、传输、存储、分析、共享监测数据而设计开发的计算机程序集合。

3 基本规定

3.0.1 浅层地热能监测宜采用自动化监测系统。

3.0.2 浅层地热能监测系统宜作为浅层地热能应用工程的组成部分,列入建设计划,同步设计、同步施工和验收。

3.0.3 浅层地热能监测系统应采用成熟、可靠的技术与设备。

3.0.4 浅层地热能监测系统不应影响建筑用能系统功能及降低系统设计指标。

4 区域监测

4.1 监测网布设

4.1.1 应统筹考虑区域地层结构类型和水文地质条件,能够掌握所在区域浅部地温场变化。

4.1.2 监测网布设密度依据浅层地热能开发利用管控分区确定,开发利用区布设密度高,限制开发区布设密度低。

4.1.3 应充分利用已有的地质环境监测点。

4.1.4 应定期对浅层地热能监测网的运行状况进行评价及优化调整。

4.2 地温长期监测孔设计

4.2.1 地温长期监测宜采用封闭井管内注水测温方式。

4.2.2 地温长期监测孔结构应符合下列要求:

  1 深度不应小于 150 m。

  2 开孔直径不宜小于 200 mm,井管直径不宜小于 40 mm。

  3 井管材料宜选用钢管。

4.2.3 监测孔回填料的导热系数不应小于周围岩土体的导热系数,渗透系数应满足地下水抗渗要求。

4.2.4 地温监测点的垂向设置应符合下列要求:

  1 主要地层监测点数量不应少于 1 个。

  2 地层埋深小于 24 m 时,监测点间距不应大于 2 m;埋深大于 24 m 时,监测点间距不应大于 10 m。

4.2.5 监测孔应加装孔口保护装置。孔口保护装置结构参照本标准附录 B。

4.3 地温长期监测孔施工

4.3.1 施工前应进行现场踏勘，了解施工条件和环境条件，并编制施工组织设计。

4.3.2 监测孔位置应满足设计要求，定位允许误差为±20 mm，高程测量允许误差为±5 mm。

4.3.3 钻探施工应符合下列规定：

    1 根据地层条件、孔深、孔径等合理选择钻探设备和钻进工艺，钻探施工应符合现行行业标准《水文水井地质钻探规程》DZ/T 0148 中的规定。

    2 钻进过程中应采取护壁措施，确保孔壁稳定。

    3 钻孔深度宜大于设计深度 2 m。

    4 钻孔的孔斜不应大于 1.5°。

4.3.4 井管安装应符合下列规定：

    1 井管应采用机械辅助下入。

    2 井管应安装扶正器，扶正器尺寸和数量应根据成孔孔径、井管直径和长度确定。

    3 井管顶端应垂直并固定于孔口中心，顶端高度应满足设计要求。

4.3.5 回填应符合下列规定：

    1 回填材料及配比应符合设计要求，浆液水灰比应能满足注浆回填要求。

    2 回填材料应通过注浆管自孔底向上进行注浆回填。

    3 回填结束后，应检查回填质量，沉陷部分应及时补浆。

4.3.6 监测设备信号传输及供电采用线缆时，应开槽铺设 PE 管保护线缆。

4.3.7 温度传感器安装应符合下列要求：

    1 温度传感器安装前应进行校准,防水、抗压满足要求。

    2 温度传感器安装前应保证井管内注满清水,温度传感器安装后应对井管补充注水至井口。

    3 温度传感器安装至井内后应与水平排放的信号线、电源线连接并进行联通检测,连接段应满足防水、抗拉要求。

5 场地监测

5.1 监测要素

5.1.1 浅层地热能应用工程场地监测宜包括地源热泵机房系统运行状态和地下换热区地质环境。

5.1.2 地源热泵机房系统运行状态监测宜包含下列内容:

1 地源侧水流量。

2 用户侧水流量。

3 地源侧供、回水温度。

4 用户侧供、回水温度。

5 地源热泵机组耗电量。

6 循环水输配系统耗电量。

5.1.3 地埋管地源热泵应用工程地下换热区地质环境监测要素,宜包括换热区地层温度和地下水水温、水质,要素设置应满足表 5.1.3 的要求。

表 5.1.3 地埋管地源热泵项目地质环境监测要素设置表

项目规模	换热区地层温度		换热区地下水水温、水质
	中心区域	外围区域	
建筑应用面积 5 000 m² ～20 000 m²	√		
建筑应用面积 20 000 m² ～50 000 m²	√	√	
建筑应用面积大于 50 000 m²	√	√	√

5.1.4 地下水地源热泵应用工程地下换热区地质环境监测宜包含下列内容:

1 水源井抽取及回灌的地下水流量、水温。

2 目标含水层水温、水位、水质。

3 换热区地表沉降。

5.2 监测系统设计

Ⅰ 机房系统监测

5.2.1 地源热泵机房内系统运行状态参数监测点的布置应具有代表性,应能够直接反映系统运行状态,且不得妨碍监测对象的正常工作。

5.2.2 机房系统监测的计量装置布置应符合下列规定:

1 地源侧总进水管应布置循环水流量传感器。

2 用户侧总进水管应布置循环水流量传感器。

3 地源侧总进水管、总出水管均应布置水温传感器。

4 用户侧总进水管、总出水管均应布置水温传感器。

5 地源热泵机组配电输入端应布置功率传感器或者电能表,数量根据机组实际情况确定。

6 循环水输配系统配电输入端应布置功率传感器或者电能表,数量根据输配系统实际情况确定。

Ⅱ 地埋管换热区地质环境监测

5.2.3 地温监测宜采用封闭井管注水测温方式,监测孔结构应符合下列规定:

1 监测孔应满足长期监测需要。

2 监测孔深度应大于换热孔深度 2 m。

3 监测孔开孔直径不宜小于 160 mm,井管直径不宜小于 40 mm,井管材料宜选用 PE 管。

4 监测孔温度传感器数量应根据换热区地层结构确定,数量不应少于 5 个。

5 监测孔回填料的导热系数不应小于周围岩土体的导热系数,回填料的渗透系数应满足地下水抗渗要求。

5.2.4 地温监测孔布置应符合下列规定:

1 监测孔数量根据换热孔的布置方式及数量确定,换热孔群内部区域不应少于 1 个,外围区域不应少于 2 个。

2 内部区域宜布置在相邻换热孔的中心位置,外围区域宜在 10 m 范围内及 10 m~30 m 范围内各布置 1 个监测孔,两孔间隔不宜小于 10 m。

5.2.5 换热孔深度范围内存在多层主要含水层时,宜对地下水进行分层监测。

5.2.6 地下水监测井布置应符合下列规定:

1 监测井结构应符合现行国家标准《供水水文地质勘察规范》GB 50027 的要求。

2 监测井深度根据换热孔深度范围内主要含水层埋藏深度确定。

3 监测井布置在换热孔群内部,数量不应少于 1 口。

5.2.7 地下水监测应符合下列规定:

1 地下水质采样应符合现行行业标准《水质采样技术指导》HJ 494 和《水质采样样品的保存和管理技术规定》HJ 493 的规定。采样前应进行抽水,抽水量不应小于井内水量的 3 倍。

2 水质分析项目应包含水温、电导率、pH 值、溶解氧、浊度、高锰酸盐指数、总磷、氨氮。

Ⅲ 地下水换热系统地质环境监测

5.2.8 含水层水温、水位、水质监测应布设地下水监测井,监测井应符合下列规定:

1 监测井结构应满足现行国家标准《供水水文地质勘察规范》GB 50027 和现行上海市工程建设规范《地面沉降监测与防治

技术规程》DG/TJ 08—2051 的要求。

2 监测井深度应根据含水层埋藏深度确定。

3 监测井结合水源井的位置进行布设,应能在平面上和垂向上掌握监测场地地下水位、水温、水质的变化规律,监测井数量不应少于 3 个。

4 监测井地下水温传感器应设置在滤水器中间位置。

5 监测井应加装孔口保护装置。孔口保护装置结构参照本标准附录 D。

5.2.9 地下水质动态监测应符合本标准第 5.2.7 条的规定。

5.2.10 换热区地面沉降监测应符合下列规定:

1 监测范围宜包括水源井分布区及地下水抽、灌影响区。

2 监测应建立由地面沉降基准点、水准点等监测设施组成的监测网和布设覆盖监测影响范围的地面沉降水准剖面,宜布设分层标组监测土体分层沉降。

3 当影响范围内存在保护建筑时,应进行建筑沉降监测。

4 监测精度应符合现行国家标准《国家一、二等水准测量规范》GB/T 12897 和现行上海市工程建设规范《地面沉降监测与防治技术规程》DG/TJ 08—2051 的规定。

5.3 监测系统施工

5.3.1 机房系统监测计量装置的安装应符合下列规定:

1 水流量传感器应安装在水管直管段,距离上游不应少于 10 倍管径,下游不应少于 5 倍管径。

2 温度传感器应置于管道中流速最大处,逆水流方向斜插或沿管道直线安装。

3 电能表垂直、牢固安装,表中心线倾斜不应大于 1°。

5.3.2 地温监测孔宜与地埋管换热孔施工同时进行,应符合本标准第 4.3.2~4.3.5 条的规定。

5.3.3 地温监测孔温度传感器安装应符合本标准第 4.3.7 条的规定。

5.3.4 地下水监测井钻探施工应满足下列要求：

　　1 宜采用全取芯钻进，粘性土岩芯采取率不应低于 90%，砂性土不应低于 70%。

　　2 钻进中每 50 m 及终孔校正孔深，偏差不应大于 0.1%。

　　3 钻进中每 50 m 及终孔测孔斜，孔斜不应大于 1.5°。

5.3.5 地下水监测井成井应符合现行上海市工程建设规范《地面沉降监测与防治技术规程》DG/TJ 08—2051 的规定。

5.3.6 地下水监测井温度传感器应安装在滤水管中间位置，偏差不应大于 0.1 m。

5.3.7 地下水监测井自动水位监测传感器位置应低于最低水位，差值不应小于 3 m。

5.3.8 地面沉降监测设施施工应符合现行上海市工程建设规范《地面沉降监测与防治技术规程》DG/TJ 08—2051 的规定。

5.3.9 水平传输线缆 PE 保护管宜与地埋管换热器水平埋管同程铺设进入机房。

6 监测数据采集与传输

6.1 监测设备

6.1.1 监测设备的选择应满足下列要求：

  1 稳定性：设备运行稳定可靠，符合长时间高强度监测要求。

  2 高精度：设备应满足监测精度要求。

  3 易维护：设备易于维护和更换。

6.1.2 机房系统水温度传感器精度不应低于 0.2 ℃，水流量传感器精度不应低于 2％，输入功率传感器精度不应低于 2.0 级。

6.1.3 地温温度传感器精度不应低于 0.2 ℃。

6.1.4 水位传感器精度不应低于 1.0 cm。

6.2 数据传输

6.2.1 应用建筑面积大于 20 000 m² 时，地源热泵系统宜设置监测数据采集中心，可与热泵控制系统或与楼宇自动化管理系统监测中心合用。

6.2.2 监测数据应由自动监测温度传感器实时采集，通过自动传输方式实时传输至数据中心。

6.2.3 数据通信应使用基于 IP 协议的数据网络，在传输层使用 TCP 协议。

6.2.4 监测软件宜具有管理、数据采集、查询维护、数据分析、数据备份以及数据共享等功能。监测软件的具体要求参照本标准附录 E。

6.3 数据采集频率

6.3.1 区域监测地温数据采集时间间隔不应大于 24 h。

6.3.2 地源热泵系统运行期,机房系统运行状态参数数据采集时间间隔不应大于 10 min。

6.3.3 地埋管地源热泵系统地下换热区地温宜采用自动化监测,运行期间地温数据采集时间间隔不宜大于 1 h,非运行期数据采集时间间隔不宜大于 24 h。

6.3.4 地下水地源热泵系统地下水位、水温宜采用自动化监测,运行期间数据采集时间间隔不宜大于 1 d,非运行期不宜大于 10 d。

6.3.5 地下水质采样,每年不应少于 4 次,热泵系统夏季运行前和运行期末、冬季运行前和运行期末各取样 1 次。

6.3.6 沉降监测间隔时间不应大于 3 个月。

7 监测系统运行维护及监测数据分析

7.1 系统运行维护

7.1.1 监测系统应定期进行维护,维护内容包含监测系统电力保障、故障排查、监测系统安全防护、监测设备校验保养;宜每季度维护 1 次。

7.1.2 监测数据应及时检查,数据的完整性及可靠性应满足要求。

7.2 监测数据分析

7.2.1 监测数据应及时整理分析,剔除异常数据,绘制相关参数随时间变化曲线图。

7.2.2 区域地温监测数据分析应包含变温带、恒温带及增温带的动态特征。

7.2.3 地埋管地源热泵系统场地监测数据分析应包括下列内容:

    1 地源侧水循环量和水温的动态特征。

    2 换热区地温场和地下水质的动态特征。

    3 系统取、排热量的计算。

    4 换热区热平衡状态。

7.2.4 地下水地源热泵系统场地监测数据分析应包括下列内容:

    1 地下水采灌水量、水温和水位的动态特征。

    2 监测井地下水位、水温和水质的动态特征。

    3 地表沉降的动态特征。

4 系统取排、热量的计算。

5 换热区热平衡状态。

7.3 监测成果报告

7.3.1 区域监测及场地监测均宜编制年度监测报告,监测报告提供的数据、图表应客观、真实、准确。

7.3.2 区域监测报告宜包括下列内容:

1 概况。

2 监测方法。

3 区域地温动态。

4 结论与建议。

7.3.3 场地监测报告宜包括下列内容:

1 工程概况。

2 监测方法。

3 地源热泵系统性能分析。

4 换热区热平衡分析。

5 地质环境影响评价。

6 结论与建议。

附录 A 地温长期监测孔结构

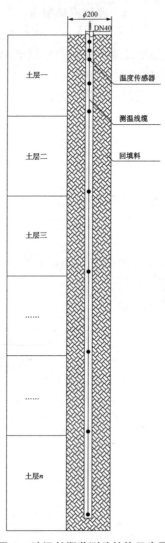

图 A 地温长期监测孔结构示意图

附录 B 地温长期监测孔孔口保护装置

地温长期监测孔孔口保护装置可采用直径 340 mm、高 400 mm 的半封闭式金属圆桶,下部有 3 根约 250 mm 长的金属支脚插入地下用于固定,圆桶底部仅预留与钢管外径相当的圆孔,钢管穿入桶内后将钢管与圆孔进行焊接封闭或涂刷防水胶,防止水从底部进入桶内;上部设有桶盖,桶盖直径略大于桶体外径,桶盖与桶体之间设有橡胶密封圈,防止水从上部及侧面进入桶内,桶盖下部设有金属托架供数据采集器存放,防止有水意外进入桶内而造成采集器遇水损坏;保护桶两侧设有排气孔,孔内水汽可从此孔排出。地温长期监测孔孔口保护装置剖面图见图 B.0.1。

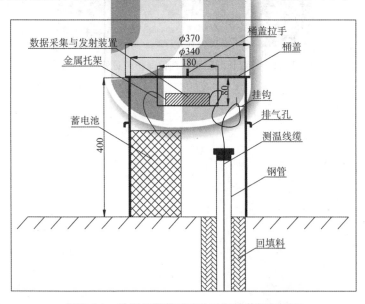

图 B.0.1 地温长期监测孔孔口保护装置剖面图

由于地温长期监测孔直接暴露于野外,因此为确保有效保护及后期维护,一般应在监测孔周围划出 2 m×2 m 区域加设围护栏,并设置孔标牌,标明监测孔名称、孔深、孔径、建设日期、建设单位、主管部门、联系电话及警示标语等。同时,一般以孔口加盖、加锁保护为宜。地温长期监测孔孔口保护装置外部参考图见图 B.0.2。

图 B.0.2　地温长期监测孔孔口保护装置外部参考图

附录 C 场地监测地温监测孔结构

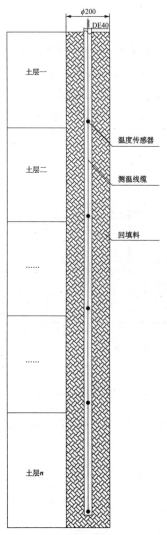

图 C 场地监测地温监测孔结构示意图

附录D 场地监测地温监测孔孔口保护装置

地温监测孔孔口保护装置保护套管可采用DE350 PVC管埋于地表以下，上面加盖φ400 mm窨井盖。测温线缆与水平传输线缆随保护管进入孔内连接，进行地温数据采集及传输，孔底部设有排水管，保护套管外围浇筑混凝土进行封闭。监测孔孔口保护装置剖面图见图D。

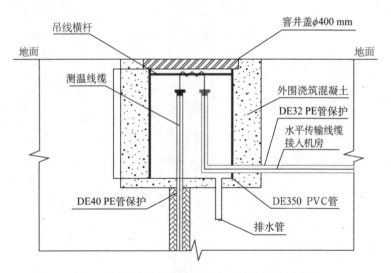

图D 场地监测地温监测孔孔口保护装置剖面图

附录 E 监测软件

监测软件一般可分为本地监测中心软件和远程监测中心软件两部分。本地监测中心软件在完成建筑监测节点采集数据的存储、图形和表格显示、简单分析等步骤后将数据上传至远程监测中心。远程监测中心软件将来自本地监测中心的监测信息采集软件所上传的数据进行存储、分析和处理。

软件一般宜有用户管理、数据采集、查询维护及分析共享功能(图 E)。

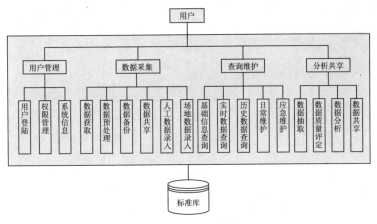

图 E 系统功能模块

用户管理模块:主要包括用户登陆、权限管理和系统信息等,提供用户与各个数据、应用服务、数据交换等子系统的授权映射。

数据采集模块:主要通过已有多个数据库的实时数据统一整合到标准数据库中,通过分析实时数据和历史数据对数据进行预处理、剔除明显错误数据、填补遗漏数据,为了更好地保护数据的安全,建立完备的数据备份机制,并建立共享机制,支持实时获取数据,同时将部分纸质数据电子化并存入标准数据库。

查询维护模块:提供用户对基础信息、实时数据和历史数据的查询,并进行系统访问量、访问成功率的统计,建立日常维护业务流程,通过移动设备实现应急维护服务的无缝连接。

分析共享模块:主要包含数据抽取、数据质量评定、数据分析和数据共享等。

本标准用词说明

1　为了便于在执行本标准条文时区别对待,对要求严格程度不同的用词,说明如下:

　　1) 表示很严格,非这样做不可的用词:
　　　　正面词采用"必须";
　　　　反面词采用"严禁"。

　　2) 表示严格,在正常情况均应这样做的用词:
　　　　正面词采用"应";
　　　　反面词采用"不应"或"不得"。

　　3) 表示允许稍有选择,在条件许可时首先应这样做的用词:
　　　　正面词采用"宜";
　　　　反面词采用"不宜"。

　　4) 表示有选择,在一定条件下可以这样做的用词,采用"可"。

2　标准中指定应按其他有关标准执行时,写法为"应符合……的规定(要求)"或"应按……执行"。

引用标准名录

1 《国家一、二等水准测量规范》GB/T 12897
2 《供水水文地质勘察规范》GB 50027
3 《水文水井地质钻探规程》DZ/T 0148
4 《水质采样技术指导》HJ 1494
5 《水质采样样品的保存和管理技术规定》HJ 439
6 《岩土工程勘察规范》DGJ 08—37
7 《地面沉降监测与防治技术规程》DG/TJ 08—2051

上海市工程建设规范

浅层地热能开发利用监测技术标准

DG/TJ 08—2324—2020
J 15282—2020

条文说明

2021　上海

目　次

Contents

1 总 则

1.0.1 地源热泵系统利用浅层地热能进行供热与制冷,具有良好的节能性和环境效益,近几年发展迅速。已有研究和工程经验表明,开展监测是浅层地热能实际应用中的重要环节。通过长期监测,可有效地促进浅层地热能开发利用与地质环境保护协调发展。目前,对浅层地热能进行监测已得到了政府管理部门、设计施工单位及用户的广泛重视。2017 年 2 月 4 日,国家发展改革委、国家能源局和国土资源部共同印发《地热能开发利用"十三五"规划》,明确提出"建立浅层及水热型地热能开发利用过程中的水质、岩土体温度、水位、水温、水量及地质环境灾害的地热资源信息监测系统"。

1.0.2 区域监测以上海市市域范围为对象,通过监测掌握区域浅层地热能资源禀赋动态变化规律,科学利用浅层地热能资源,防止浅层地热能过量开采利用与引发区域地质环境问题。应用工程场地监测以浅层地热能应用成果为对象,通过监测,可有效地指导系统运行管理和优化运行策略,提高系统运行效率,同时减轻或消除引起的换热区地质环境问题。

本市浅层地热能应用工程主要采用地埋管地源热泵系统,少量采用地下水地源热泵系统和地表水地源热泵系统,考虑到通常地表水水温、水位、水质受外界条件变化的影响较大,且地表水地源热泵系统工程地表水体监测经验较少,本标准适用范围暂不包括地表水地源热泵系统。地表水地源热泵工程机房系统监测可参照本标准相关条文执行,地表水体监测可参照现行行业标准《地表水和污水监测技术规范》HJ/T 91 的相关条文执行。

3　基本规定

3.0.1　自动化监测技术相比较传统的人工监测技术拥有实时、高效及准确获得信息的优点。依据自然资源部发布的《地质环境监测管理办法》规定,监测单位有义务按照规定将监测信息报所在的自然资源管理部门;《上海市浅层地热能开发利用管理规定》要求监测数据通过上海市浅层地热能资源开发利用管理信息公示系统上报。

4 区域监测

4.1 监测网布设

4.1.1 不同地层结构和水文地质条件,浅层地热能资源禀赋不同,而上海地区地层结构及水文地质条件存在一定的差异,导致浅层地热能资源禀赋不同,而地温是评价浅层地热能资源禀赋的重要指标。

4.1.2 《上海市浅层地热能分区管控》结合资源评价结果、生态空间布局、城镇空间布局和地下空间布局等指标要素,将本市划分为浅层地热能开发利用区、限制开发区和禁止开发区。开发利用区浅层地热能能够形成集中连片开发利用,规模效益明显;限制开发区浅层地热能开发利用以点状和小规模为主。

4.1.3 上海地区开展区域地质环境监测较早,已基本形成了覆盖全市的地下水、地面沉降等地质环境监测网络,为避免重复工作和充分利用已有监测设施,作出本条规定。

4.1.4 定期对浅层地热能监测网的运行状况进行评价及优化调整,从而使监测网具有更广的覆盖面、更强的代表性,能够更加全面客观评价浅层地热能资源和地质环境影响,更加精准支撑浅层地热能管理。评价与优化调整可以结合相关规划,以 5 年为周期。

4.2 地温长期监测孔设计

4.2.1 为防止埋设温度传感器过程中对传感器造成损坏,保证传感器顺利下到准确位置,便于监测期间将传感器取出进行标定及维修,温度传感器的安装宜采用在孔内设置小口径封闭井管(管内充满水),温度传感器置于井管内测温的方式。

4.2.2

1 综合考虑上海地区地源热泵埋管深度一般在 80 m～120 m 之间的实际应用状况和可能应用的深度范围;结合区域地层结构特征,充分利用埋深为 150 m 左右的具有良好导热性的含水砂层;对少量钻孔进行换热试验及部分地源热泵工程的换热试验资料进行分析,150 m 以浅钻孔换热效率明显优于深度大于 150 m 的钻孔;充分考虑对顶板埋深一般在 180 m～200 m 之间的第四含水层的地下水资源的保护及适宜开发深度等因素,将监测孔的最大深度确定为 150 m。

2 方便地温传感器及传输电缆的安装和维护。

4.2.3 回填料的主要作用是充填井管与钻孔之间的空隙,并起到锚固井管的作用,同时也是监测孔内温度传感器对地层温度进行监测的中间介质,并且回填料的止水性(渗透性)在地下水和地质环境保护方面都起到至关重要的作用。

4.2.4 地温场空间分布受地层结构影响,因此地温监测点需要结合地层进行设置,主要土层是指层厚大于 6 m 土层,性质相近土层可以合并考虑。根据已有的上海地区地层原始温度调查资料,上海地区 24 m 以浅地层为变温层,受气温影响显著,为了精准掌握温度变化特征,变温层温度传感器布设密度适当提高;24 m 以下地层基本为增温层,增温幅度每 100 m 为 2.5 ℃～3.0 ℃。而现有地温监测系统分辨率为±0.1 ℃,因此 24 m 以下深度温度传感器原则上以 10 m 间距进行布设。

4.3 地温长期监测孔施工

4.3.2 监测孔位置是监测的基本信息,而孔口作为后续温度传感器安装的起算位置,为保障传感器安装位置的准确性,高程测量较为重要。

4.3.5

1 通过对常用的 15 组膨润土基及水泥基回填料的性能进行试验研究,结果表明,黄沙与膨润土的比例为 7∶3、水灰比为 1∶2 时,导热系数略大于本市 150 m 深度范围内岩土体综合导热系数,并且渗透系数较低,止水性较好。

3 回填浆液经过一段时间后因失水而固结,导致孔口处回填料产生下沉,引起孔口周围土体一定程度的沉陷。

4.3.7

2 注水的目的是保障温度传感器采集到的温度数据能较为真实地反映该位置处的地层温度。

5 场地监测

5.1 监测要素

5.1.1 工程实践表明,地源热泵工程系统能效除与设计、施工因素有关外,与后期运行控制、管理及维护保养有密切关系,一些工程,特别是复合式地源热泵系统,往往由于运行策略的不尽合理而效率低下。因此,进行系统运行状态参数监测对指导系统运行、评价系统性能和提高系统能效有重要作用。地源热泵工程地下换热器施工安装中将人为扰动地质环境,同时系统运行过程中持续向换热区土体和地下水中取热和排热,将改变换热区地温场原始分布状态,引起地质环境一定程度上的变化。若这种变化得不到重视和控制,可能产生环境地质问题,破坏区域生态环境。因此,进行地质环境监测尤显重要,可实时掌握换热区地质环境状态,降低引发地质环境问题风险和保护地质环境,实现浅层地热能可持续开发利用。

5.1.2 目的是准确反映机房系统运行状态和评价系统性能,参照住房和城乡建设部发布的《可再生能源建筑应用示范项目数据监测系统技术导则》而提出的。

5.1.3 依据《地下水渗流与地源热泵热量运移耦合模拟研究》(Gtz 2012052)项目结论,由于地埋管地源热泵系统地下换热器为封闭系统,主要通过与土壤进行热量交换达到制冷和供暖的目的,在夏季供冷时,地埋管换热器向地下释热,经过整个夏季运行后,地下温度场会形成局部的 3 ℃～6 ℃温升;在冬季供热时,地埋管换热器向地下取热,如果热泵系统冬季从地下累计吸取的热量等于夏季累计排放的热量,则地下温度场又会形成局部的3 ℃~6 ℃温降,理论上经1年的供冷供暖周期后恢复到原始的地层温度。上海地区夏季的制冷时间要大于冬季的供热时间,在1年的循环周期内,地源热泵系统从地下取热量与取冷量不能达到平衡。已有统计结果表明,上海地区办公建筑吸排热比为0.33左右,商业建筑吸排热比为0.16左右,酒店宾馆建筑吸排热比为0.24左右。通过模拟计算得出,64个换热孔呈正方形布设方式,在吸排热比为0.33的条件下,地源热泵系统的长期运行将引起换热区地层温度的不断升高,系统运行前期(2~3年)地温升高迅速,之后趋缓,连续运行1年、3年、5年、10年时,地温升高幅值分别为3.23 ℃、5.29 ℃、5.68 ℃、5.74 ℃;长期大规模的应用将会导致一定深度内土层局部的热积累,从而对地质环境产生影响,并且随着换热区地下温度场发生大幅变化,将造成地埋管出口温度即热泵机组进口温度不能满足热泵机组要求,从而对热泵机组的性能造成影响,进而影响地源热泵系统的运行效率。因此,对地埋管地源热泵系统换热区地温进行监测,主要目的:一是对地源热泵系统埋管区地温进行监测,实时掌握地温动态变化,保护地质环境;二是换热区地温监测数据可以为系统运行策略的制定提供依据,提高系统运行效率。地埋管地源热泵系统地埋管换热区是一个封闭的系统,一般不会通过物质交换对地下水产生影响。但是,地埋管换热器在与地层进行热交换的同时改变了地层温度,进而改变了地下水温度,温度的变化将影响地下水中微生物的生长繁殖,即影响了微生物对进入地下水中污染物的降解,从而影响了地下水水质。因此,超大型地源热泵系统运行,可选择性地对换热区地下水水质进行监测。

根据调研走访,上海市420个地源热泵应用项目,项目类型主要以公共建筑和居住建筑为主,工业建筑、农业建筑项目数量较少。因此,针对公共建筑及居住建筑,以小型(建筑面积小于5 000 m²)、中型(建筑面积5 000 m²~20 000 m²)、大型(建筑面积 20 000 m²～50 000 m²)、超大型(建筑面积大于 50 000 m²)为标准对项目进行统计,结果表明,小型项目占总数的 51.7%,其次为大型项目,占总数的 16.6%。居住建筑中因别墅类项目较多,因此小型项目为主,数量占总数的 39.9%,其次为大型项目,中型项目最少。公共建筑中以中大型项目为主,各占总数的 12.5%,其次为小型项目,占总数的 11.8%。项目规模不同,对监测系统设置的要求不同,大型及超大型项目地源热泵系统运行风险较大、对换热环境影响也较大、对运行策略的科学性要求较高,因此应进行全面监测。中小型项目相对运行风险小,对换热环境影响也较小,因此可根据项目实际情况进行监测。

5.1.4 地下水地源热泵工程实践中,地下水采灌平衡、地下水质变化和地表沉降是政府管理部门、行业单位关注的重点,也是科学评价地下水地源热泵的关键指标。

5.2 监测系统设计

5.2.3 工程实践表明,将温度传感器直接埋入地下,传感器成活率较低,并且不利于传感器日常维修及矫正。采用封闭监测孔内注水测温方式,监测方式灵活,传感器(或系统)损坏可以更换,也可以定期取出进行标定,能够保证监测工作的长期进行。

2 已有研究表明,竖直地埋管换热器在竖直方向上也存在传热,使换热器下方土层温度发生变化,因此地温监测深度不应小于换热孔深度。

3 方便地温传感器及传输电缆的安装和维护。

4 上海地区 150 m 以浅地层一般以粘性土、粉性土及砂性土为主,根据统计结果,新近沉积的、固结程度较低的淤泥质粘土导热性最差,砂性土的导热性远好于粘性土,含砾中粗砂导热性最好,这导致不同土层地温变化程度也存在较大差异。因此,监测孔内温度传感器布置的数量和深度应根据埋管区岩土层结构确定,不应少于 5 个。

  5 回填料的主要作用是充填井管与钻孔之间的空隙,并起到锚固井管的作用,同时也是监测孔内温度传感器对地层温度进行监测的中间介质,并且回填料的止水性(渗透性)在地下水和地质环境保护方面都起到至关重要的作用。

5.2.4 地埋管地源热泵系统地埋管与地层进行热交换,由于埋管区中心区域最不利于热量扩散,温度变化幅度最大,并且出现热堆积情况最为严重,对地质环境的影响也最为严重。因此,应对埋管区中心区域地温进行监测,从而掌握换热区最不利区域地温动态变化,保护地质环境。同时地源热泵系统长期运行引起的热影响范围不断扩大,大致呈线性增长,连续运行 1 年、3 年、5 年、10 年的最大影响范围分别为 10 m、14 m、18 m、26 m。上海是人口密集、建筑密度大、地下空间开发利用程度高的地区,一些重要的地下工程,如地铁等,以及建筑密集区域地源热泵工程的建设及运行方式都应进行规范,了解和掌握地源热泵系统长期运行引起的热影响范围和程度至关重要,因此需对埋管区外围地温进行监测。

5.2.6

  3 主要考虑到换热孔群内部土层温度变化幅度最大,出现热堆积情况概率较大,对地质环境的影响也最为强烈。

5.2.8

  3 至少 3 个监测井才能在平面上控制地下水渗流场、温度场。

  4 滤水器范围的水温能够较为准确反映含水层水温。

5.2.10 多年监测表明,地下水地源热泵工程在地下水抽取量 100%回灌时,对区域水位变化影响较小,引起区域地面沉降附加沉降量的概率较低。地下水地源热泵工程换热区地下水水位运行期间受热源井"采—灌"变化呈现出"降—升"变化,非运行期间逐渐恢复。换热区地下水位"降—升"变化,将引起含水层呈现

"压密—回弹"变化特征,而含水层上覆土层呈现与含水层反向的变化规律。因此,地下水地源热泵工程的长期运行有引起工程所在场地产生差异沉降的可能,对场地内及邻近建(构)筑物有一定程度的影响。

1 地下水抽灌影响区范围受场地水文地质结构、水源井平面布置、地下水采灌量和运行时间等影响较大,尚需依据地下水地源热泵工程具体情况分析确定。

2 通过分层标可有效监测到多个深度地层的变形量,也是上海地区区域地面沉降和工程性地面沉降常用的监测手段。

5.3 监测系统施工

5.3.4

1 目的是准确划分地层,合理确定监测井滤水管安装位置和回填料选择。

3 考虑到上海市地下水换热系统一般采用第二、第三承压含水层,监测井深度小于 150 m,参照现行国家标准《管井技术规范》GB 50296 相关要求确定成孔孔斜小于 1.5°。

5.3.6 监测井水温受水深度影响较大,为能够准确获取含水层水温数据,制定本条规定。

5.3.7 最低水位指含水层水位最大降幅时水位,最低水位尚需结合区域水位常年动态监测数据和地下水采灌情况综合确定。水位监测传感器一般是通过压力感应的,需要安装在距水面一定深度才能确保监测数据可靠和准确。

6 监测数据采集与传输

6.1 监测设备

6.1.2～6.1.4 根据目前常用监测传感器的精度范围以及监测数据对分析计算结果的影响程度,特作此规定。对监测传感器的选择,在选择高精度等级的元器件同时,应选择抗干扰能力强,在长时间连续监测情况下仍能保证测量精度的传感元器件。

6.2 数据传输

6.2.1 目前,地源热泵系统运行监测、分析、诊断及评价主要依靠物业管理人员人工读取相关监测仪表的数据来完成,方法原始,费时费力,不能及时进行地源热泵系统运行的管理和维护。因此,应用面积大于 20 000 m² 的项目宜设置数据采集中心,供地源热泵系统日常管理和维护使用。

6.3 数据采集频率

6.3.2 冬夏季热泵系统运行期间,系统运行状态参数随时间变化幅度较大,过渡季热泵系统停止运行,系统运行状态参数随时间变化幅度较小甚至不发生变化。因此,根据工程经验设置不同的数据采集频率。

6.3.3～6.3.4 监测数据采集时间间隔对监测数据的分析及应用起到至关重要的作用,间隔时间过少造成不必要的浪费,给数据处理分析造成困难,间隔时间过大不能满足监测精度的要求。因此,监测数据采集时间间隔可根据系统运行情况、监测指标特点以及需要设置。

7 监测系统运行维护及监测数据分析

7.1 系统运行维护

7.1.1 为了延续监测设备的寿命和发挥其自身的效能,必须对监测机房定期维护,监测系统故障定期排查,监测系统安全定期防护,监测系统前端设备定期保养。通过监测系统维护,保障监测设施安全、稳定运行,取得实测数据。为确保监测自动化系统的稳定、可靠运行,必须对系统进行经常性的巡视检查,发现问题应及时维护处理,并作好详细记录。

7.2 监测数据分析

7.2.3

1 分析地源侧水循环量、水温动态特征的时间范围为冬、夏两个运行季。

2 分析换热区地温场、地下水质动态特征的时间范围为整个运行年度。

3 换热区热平衡状态可采用当年度系统冬季累计取热量与夏季累计排热量的比值进行表征。

7.2.4

1 地下水采灌水量、水温和水位包括抽水井和回灌井,水量和水温的分析时间范围为冬、夏两个运行季,水位的分析时间范围为整个运行年度。

2~3 分析时间范围为整个运行年度。

4 换热区热平衡状态可采用当年度系统冬季累计取热量与夏季累计排热量的比值进行表征。

7.3 监测成果报告

7.3.3

3 地下换热区岩土体热平衡是地埋管地源热泵系统的一个重要问题,热不平衡直接影响地埋管的换热能力,对地源热泵系统的运行效率有很大影响。通过分析换热区热平衡状态与换热区地温年度变化幅度之间关系,对换热区热平衡进行分析,提出解决缓解热不平衡的措施,指导地源热泵系统的运行。

4 指对已监测的地质环境要素进行影响评价。地埋管地源热泵系统场地主要对地温场进行影响评价,地下水地源热泵系统场地主要对地下水位、地下水温、地下水质、地表沉降等进行影响评价。